# 我要當好媽媽

圖／文 五毛夫人

# 一場充滿驚奇與感動的懷孕之旅

♥

　　話說在五毛夫人懷孕的那段時光，其實還挺輕鬆愉快

的，除了可以當太后讓我覺得很過癮之外，對於肚子裡正

孕育著新的小生命也讓我感受到生命的神奇與可貴，很驚

訝在有了胎動之後，肚子裡的小毛寶居然會隨著我的情緒

與言語而牽動，還未出世的他對於我的一舉一動，似乎都

有著極其敏銳的感受力，也讓我徹底感受到身為母親的責

任重大；而毛老公在這段非常時期盡心盡力及無微不至的

照顧，也是我最要感謝的，因為有毛老公的支持與鼓勵，

讓本毛及小毛寶至今能平安又快樂的生活著，還有毛氏家

族全員的關懷與協助，都令我永難忘懷……

而這本漫畫除了要獻給全天下最偉大的媽咪們之外，

也要與所有為人子女的「你」來分享，希望大家能時時感

謝自己辛勞的父母，以前毛媽總是對我說：「只有在為人

父母之後，才能真正體會身為父母的辛苦！」老實說，當

時的我完全無法理解其中涵義，但至今總算是感受到那種

酸甜苦澀的滋味了。如果現在正拿起此書的「你」是一個

懂得感恩的子女，那麼五毛夫人一定要給你一個大大的擁

抱，因為我要恭喜你的父母，生了一個好棒、好棒的小孩

喲！^_^

| 目次 |

# 人物介紹

**小毛寶**
毛家第二代繼承人

**亞力士**
毛家飼養的哮天犬

**毛老公**
五毛夫人的老公
小毛寶的爸比

**五毛夫人**
本書作者
小毛寶的媽咪

（準備登場的毛氏一家人）

五分鐘後……

該……出發囉……

一起進入五毛夫人的育兒世界吧！

當聽到寶寶心臟
跳動的那一刻
我已經立志要當個
好媽媽！

～五毛夫人～題

# Chapter ♥ 1

## 小毛寶誕生

**回想起本毛生產的那天……**

乖乖在家待產

真期待！

已經是大腹便便了説～～
北鼻啥時會報到呢？

驚！

痛

本來還在家裡悠閒的我，
突然感到一陣肚子痛……

剛開始以為只是
單純的肚子痛……

奇怪？
我是吃壞
肚子了
嗎？
怎麼一直
跑廁所？

我…不行了……亞力士快求救！

不過隨著時間的拉長，
陣痛的感覺並沒有因此好轉，
反而愈來愈頻繁……

汪嗚~爸比快回家！

救難犬

被緊急送到醫院後，
才知道原來是小毛寶
要出生了哩！

老婆別怕！

老公，我好害怕……

我會陪在妳身邊！

雖然生產的這一幕早已在我腦海中演練了無數次，
但是當下還是緊張到不行！

在等待生產的同時，
我不停的祈禱，
希望生產過程能
一切順利～～

菩薩、耶穌
請保佑我～

北鼻
也要一
起加油
喔！

我
會
勇敢
的！

不過…真正的考驗才正要開始……

嗚喔喔喔…

好痛啊！
要生了
嗎？

快
來人
啊！

老婆
加油
！！

沒
這麼
快喔～

妳嗯好大…～

來～用力喔！

再來～

咿～
唔喔…

呼～咿
啊啊
啊…

嗚
喔啊
啊…

經過漫長的努力之後，神聖的這一刻終於來臨……

嘎哇
哇
哇

小毛寶～ 誕生囉！

從來都不知道，原來小北鼻的哭聲是這麼的美好、
生命是如此的美妙～～

毛氏一家三口，全員到齊囉！

親愛的小毛寶：

從今天開始，媽咪和爸比一定會在身邊守護你、陪伴你，無論遇到什麼風雨，我們都會是你永遠的依靠，所以你一定要健康、平安，幸福的長大喔！

虛脫ing…
好累喔……
準備坐月子去

我當爸爸了？
老婆好棒！！
喜極而泣

其實計劃採取自然生產的我，事前就要求醫師一定要幫我打「無痛分娩」＊，因為我真的很怕要生產的那一刻，陣痛會讓自己沒有體力生下小毛寶，雖然之前在考慮這項決定時有些遲疑，因為坊間有流傳施打無痛分娩是造成媽咪們日後腰酸背痛的原因之一（因為針是施打在脊椎上），所以我也十分恐懼，但後來很認真的上網搜尋資訊及查閱專業書籍後，發現醫師們對於採取「無痛分娩」都抱持十分正面及肯定的態度。後來我再次求證自己的婦產科醫師，也得到相同的說法：「所謂產後的腰酸背痛其實是因人而異，若產後的媽咪能

多運動或多做體操來加強自己腰背的強度，其實就可以免去腰酸背痛的發生。」

　　而五毛夫人則是強烈懷疑自己產後曾發生短期腰酸背痛的原因，其實是因為擠奶姿勢錯誤所造成，所幸後來我勤做體操，至今沒有腰酸背痛的狀況，而整個生產過程也因為施打了無痛分娩，所以在醫生的指令下很輕鬆的產下小毛寶，所以好處是我對整個產程的回憶是開心愉快的喔！

＊「無痛分娩」係指在生產時所使用的麻醉或止痛藥品，在不影響母親和胎兒健康的前提下，可減少或消除生產過程的疼痛。

五毛夫人的經驗談

~小毛寶歡迎你~

# Chapter ♥ 2

## 坐月子禁忌有夠多

「坐月子」可說是每位產後的媽媽們
最重要的黃金休息期……

五毛夫人當然
也選擇在月子
中心好好的當
個貴婦囉～～

月子中心的基本配備有：
◎ 一間舒適的小房間
◎ 調理營養的月子餐
◎ 24小時專人照顧小寶寶
◎ 貼心幫您洗滌隨身衣物
◎ 提供專業的諮詢服務

在月子中心的好處除了可以不用擔心三餐之外，
還可以盡情的睡覺休息……

小毛寶也在專業的護理人員照顧下，
適應得非常良好～

您的
下午茶
來囉～

什麼？
居然還有
下午茶！

貴婦牌絲巾

一切的情況都太令人放心了～～

耳朵有點
癢說～

靳啊～

老婆……
妳是不是忘
了什麼？

如果因而忘了什麼也是人之常情吧！

唔～

啊～

我忘了去看小毛寶啦！

想到時已經過了三天

育嬰室

這就是在月子中心的好處吧！

不好意思…我來晚了

請問～我的北鼻在哪裡……

不過……為什麼坐月子，一定要這麼久呢？（至少四週）

過了十五天後……

每天都待在房間裡，
對本毛來說實在是件痛苦的事情呀～

而且坐月子期間，
還必須遵守許多禁忌——

1. 盡量不讓身體吹到風以免受涼。

2. 坐月子期間，最好不要
攝取零食及冰冷食物。

3. 產後不可立刻洗頭、洗澡。

4. 避免過度使用眼睛。

不過，坐月子期間一定要保持愉快的心情，
對產後的恢復才會最有幫助喲！

坐月子是中國人流傳下來的傳統，其實對於產後的媽咪們而言是一項很貼心的照護，儘管現今有很多人會認為毋須再遵守前人的規則，但其實媽咪們在生產過程中，無論是體力、精神或營養都流失很多，此時若能利用產後一個月的時間，好好調養一番，媽咪們就能擁有更健康的身體來照顧小寶寶，其實長遠來看是非常需要的。

而五毛夫人自己則是在還沒生產前，就已經開始計劃坐月子的方式了，因為不想讓長輩太辛苦，又考量到自己是新手媽媽，擔心無法在小毛寶一出生後就扮演好照護的角色，因此

在懷孕四個月時就已經開始尋覓口碑好的月子

中心，並在多方比較後，訂下了自己喜歡的月

子中心；果真在入住的一個月當中，除了讓產

後的自己有時間充分休息之外，月子中心專業

的飲食調配也讓我產後恢復良好，並學會哺乳

及照顧小毛寶的方法，如此循序漸進的方式，

五毛夫人很推薦新手媽媽們來試試喔！

五毛夫人的經驗談

## 小常識

### 選擇月子中心的注意事項：

**1. 內部的動線**

　　產後的媽媽們可不是一生完就能馬上箭步如飛的呀～所以在選擇月子套房時務必考量空間動線簡單，方便前往育嬰室探視小寶寶的位置，五毛夫人自己當初則因為考量到房價問題，失策選了位於一樓的房間，但是育嬰室卻在二樓，因此我有整整三天看不到小毛寶……因為，當時自然產的傷口還在痛，而育嬰室的護士們又很忙，無法常常把小毛寶抱下來讓我看，害我入住的前三天只能在房內發呆，直到第四天時再也受不了，思兒心切的我只能忍受傷口的疼痛，一步步緩慢的爬上樓梯，那種情景至今想起來還是讓人鼻酸哪……

**2. 服務項目及品質**

• 月子餐

　　月子中心所提供的服務項目當然和收費有相當程度的關聯，例如：月子餐的菜色就是媽咪們最在意的一環，因為將近一個月的飲食都得交由月子中心來打點，若吃不習慣的話可是會十分痛苦的，所以事前一定要對菜色有詳盡的了解（如新鮮度、菜色變化、藥材來源、調味等……）有些月子中心甚至還能提供試吃服務，但若無法親自試吃，也沒有關係，我們可以對入住中的媽咪們進行一下口碑調查，如果大家的評價也都很好的話，就可以放心了！

## • 育嬰室及育嬰人員

育嬰室的設備及布置是否溫馨、完善，也是十分重要的，因為擁有舒適的育嬰環境才能讓初生的小寶寶情緒穩定，不易哭鬧，對小寶寶的健康有非常大的影響；而育嬰人員的動作是否輕柔、具備專業、耐心和愛心，更是新手父母們必須觀察的重點；還有，少數的月子中心為了減少人員及薪資支出，會要求育嬰人員超時或超量照護，因此應注意月子中心的育嬰人員與嬰兒的比例是否太懸疏，因而影響育嬰的品質。

## • 護理人員

相對於育嬰人員之於初生嬰兒，護理人員則是提供媽咪們產後坐月子的諮詢及教授哺乳、育兒的重要角色，若月子中心能夠提供媽咪們專業又親切的護理人員，相信就能讓媽咪們擁有美好的坐月子經驗，對於新手父母來說，更是不可獲缺的良師益友，由此可見護理人員的重要性了。

## • 環境清潔與其他服務細節

媽咪們在坐月子期間，由於體力和行動力都尚在恢復之中，因此月子中心在此期間所能提供的住房打掃及其他清潔服務就相形的重要，事前了解月子中心打掃房間的時間及次數，還有是否提供協助媽咪們清洗衣物的服務，才能讓媽咪們有個開心的坐月子經驗。

另外像特地前往國外生產的媽咪們，在小寶寶出生後還必須在當地辦理出生證明、護照等手續，有時還必須外出添購嬰兒用品…等，都必須商請月子中心提供協助，因此會出現額外收費的情況，所以媽咪們務必在一開始就清楚月子中心的收費標準，避免日後產生不必要的困擾及糾紛。

## 關於坐月子的禁忌：

五毛夫人也曾一度徘徊在是否要遵守月子禁忌的抉擇當中，我們常聽到的一些禁忌，如媽咪產後不能吹風、不能洗澡、洗頭（怕日後頭痛、筋骨酸痛）、不能哭、不能看太多電視或電腦（怕日後眼力不好）、不能喝水（怕有小腹）等……這些禁忌都讓我很困擾，不知是否該遵守？所以五毛夫人後來是秉持著盡量遵守，但不堅持的態度去執行，也就是說我並未全程不洗澡、洗頭，而是真的覺得無法再忍受下去了，就不再堅持，初期則是以簡易的擦澡來替代，一直到後來洗澡及洗頭的過程也十分注意，並沒有讓自己著涼，洗手時也都盡量調和溫水，絕對不去碰冰水，因此生產完至今並沒有任何頭痛或酸痛的問題發生。

所以媽咪們若也有上述的困擾，不妨也可以依照五毛夫人的方式來進行，畢竟在坐月子期間，媽咪也是會和小寶寶互動的，媽咪自己的衛生狀況也很重要，若蓬頭垢面或頭皮發癢，也是會影響自身心情以及小寶寶的健康，所以，在不影響基本衛生的條件之下來遵守月子禁忌，五毛夫人認為是最中庸的方式。

# Chapter ♥ 3

## 濃、醇、香，變成一頭牛

從今天開始，我已經正式成為一位新手媽咪了～

嗯～天亮了？

之前的兩人世界，從今以後將因為有了小毛寶而更加的熱鬧～

睡眼惺忪

當然，除此之外還會有更多的責任及挑戰……

什麼？！

驚

老婆～護士說寶寶該喝奶囉！

迅速起身～

（挑戰馬上到）

我完全忘記
有餵母奶這件事情了⋯⋯
（現在才發現）

問題是，我根本不會餵啊！！

但也不能讓小毛寶餓著呀～

濃、醇、香，變成一頭牛！

鑰~鑰~

喲

## 吸乳器登場！
（有手動和電動二種）

吸乳前，必須先以熱敷及按摩胸部等步驟，來增加乳汁的分泌；此外，多攝取容易發奶的食物也很重要。如：花生豬腳、魚湯等，並多補充水分，都能達到效果喔。

舒服了~

熱敷袋

那是防止腰酸的吧……

**在護士小姐細心指導下，本毛總算漸漸進入狀況了——**

放好，然後……

這樣嗎？

大感動～

終於～
經過一番努力之後⋯⋯
總算成功囉！

雖然只有一點點

小毛寶～
乖乖喝奶，
快快長大喲！

快樂的親子時光

第一次親手餵奶的感覺真好，
有種筆墨難以形容的成就感～

我好像變成
一頭乳牛了⋯⋯

才剛餵完奶，又要
準備擠奶了⋯⋯

不過，由於新生兒
每三小時就要喝一次奶，
讓我生平第一次體會到
身為乳牛的心情哪～

（好想睡哪）

 # 母乳是大自然
# 獻給嬰兒最好的禮物！

　　母乳是寶寶最好吸收的食物，而且對母嬰雙方都有絕佳的好處，被餵食的寶寶不僅容易消化、少脹氣外，母乳中所含的抗體還可以幫助寶寶遠離疾病，也能降低各種過敏及氣喘的發生；而媽咪則可透過哺餵的過程，和寶寶建立情感，加速產後子宮的收縮，更能降低日後罹患乳癌和卵巢癌的機會。除此之外，每天哺餵母乳的媽咪平均可消耗400至1000卡左右的熱量，對於很在意產後身材恢復的媽咪們，有很大的幫助。

 ## 小常識

### 漲奶及乳房硬塊的處置：

　　一般產後的婦女會在一～三天前後開始出現漲奶的情形，若有立即實行親餵或經產婦*的媽咪們則會更快有漲奶現象，此時會容易發現乳房有許多大小不一的硬塊產生，媽咪們必須使用熱敷袋配合手指按摩來將硬塊推散，防止乳腺阻塞所造成的乳腺炎相關病發症，五毛夫人自己當時也是每天勤做上述的步驟，才終於把惱人的硬塊問題解決呢！

＊經產婦：意指已經有過生產經驗的媽咪～

老實說，在小毛寶誕生之前，我從來沒去想過哺乳這件事（不知道為什麼我一直認為這件事離我還很遙遠……）。當小毛寶誕生時，護士也真的如傳說中的，把小毛寶送到我面前，請我親餵，但無奈當時似乎擠不出任何一滴母乳來，而小毛寶也不耐煩的大哭，所以很快的就被送往育嬰室餵食瓶裝配方奶了；之後在我勤加按摩之下，終於在產後的第四天勉強擠出了所謂的「初乳」，那種感覺還真是悲喜交加啊！開心的是我終於覺得自己有盡到母親的責任了，但也因此掉入了追奶及永無止盡擠奶的輪迴之中……

　　話說產後四天才稍微擠出20cc初乳的

我，已經被小毛寶徹底的排斥了，習慣瓶餵的

他已經不接受親餵了，因此我只好多此一舉的先

以吸乳器將母乳搜集完後，再用瓶裝的方式讓他

喝，由於初生嬰兒每三小時就必須餵食一次，因

此我展開了永無止盡的追奶之旅，算一算每天要

擠八次奶，當然半夜也得調好鬧鐘起來擠奶，而

且步驟一樣也不能少，從熱敷、按摩、擠奶、裝

瓶，再送到育嬰室冰存，前後大約歷時二小時又

四十五分，再加上有時候抱一抱小毛寶，馬上就

得再回房擠奶了，只能說，當時已經嚴重睡眠

不足的我，唯一的渴望就是希望能重回一覺到

天亮的往日時光哪～

五毛夫人的經驗談

# Chapter ♥ 4

## 婆婆媽媽真快樂

五毛夫人在坐月子中心，
認識了很多有趣的人……

同樣身為媽咪是很容易變成朋友的。

大家聚在一起時，感覺很像認識多年的老友一般～

也因此奠定了難得的友誼！

五毛夫人在育嬰室裡，還發現了一個十分有趣的現象……

終於……滿月的這一天來臨了！

帶著依依不捨的心情，本毛在眾人的祝福聲中，
踏出了月子中心……

載著滿滿的祝福，毛氏一家
即將迎向另一個新的生活……

不料話才剛說完……

（剛說的話全都忘了……）

五毛夫人在「漫長」的坐月子期間，認識了許多熱心又有趣的媽咪們，大夥兒聚在一起時，話匣子一打開總是停不了，大家彼此交換育兒心得或是經驗，對於身為新手媽媽的我而言，真的是太重要啦！

在月子中心裡，我看到了一群偉大又堅強的母親，為了自己的子女不斷堅持與努力，平時大家會一起討論哺乳經驗及產後休養的心得，而一同在育嬰室裡抱著心愛的寶寶時，那種心滿意足、相視而笑的表情，更是全天下最美好的畫面；本毛認為，其實產後若能在月子中心裡調養，對媽媽們的生理和心理有極大幫

助，也比較不容易有憂鬱的傾向發生，因為婆

婆媽媽們會互相鼓勵扶持，有時候還能充當良

師益友，給予最真誠的關懷與體諒，雖然是短

短的一個月時間，但確實能讓媽媽們好好的養

精蓄銳一番；相對的，爸爸們也能安心的工

作，省去不少擔憂與辛勞，整體來說真的是一

舉數得呢！

五毛夫人的經驗談

看來……
本毛距離好媽媽的日子
還十分遙遠……

# Chapter 5

# 三人新生活

話說毛家即將展開三人新生活——

哇哇!!

是誰家的小孩在哭?

大清早被吵醒

不過還許多地方需要適應……

哇嗚~

哇哇~

循著聲音來源望過去…

小毛寶!?

驚

對厚!

我差點忘了自己已經離開月子中心了!

啊…哈哈……

(其實是全忘了)

**沒錯！從今天開始毛家正式進入混亂的戰國時代——**

又過了五分鐘～～

沒想到照顧小嬰兒這麼的辛苦……

此時我才真正體
會到父母親養育
兒女的偉大──

（剛下班的毛老公）

我要當好媽媽

照顧小毛寶雖然辛苦，
但是與孩子相處的時光卻也是最珍貴的……

翌日——

55

沒辦法了～只好這樣上陣吧！

請支持在家工作婦女

沙

背著畫畫

職業：漫畫家

有了小毛寶的日子變得非常忙碌，
但也感到更加的甜蜜與幸福！

睡到不省人事的母子二人組

呼嚕

（每天回家都
看到不同場景
的毛老公）

我回來囉！

小毛寶，
歡迎你回家！

老實說，本毛剛開始對於自己是否有能力照顧好小毛寶這件事真的很沒有信心！直到要帶著小毛寶離開月子中心的前一天，內心仍然是忐忑不安的，還好我在月子中心時，有認真惡補了寶寶餵奶及洗澡等照護課程，因此一回到家後，在毛老公的協助與幫忙之下，每天實地演練，總算是漸入佳境，把小毛寶照顧得無微不至！

但是回到家之後的三人生活，還是有些許不適應的地方，初生的小毛寶平均三小時就得餵一次奶，白天是如此，晚上當然也不例外，他就像是定時鬧鐘一般，時間一到就會嚎啕大

哭，此時的我為了怕吵醒睡夢中的毛老公，一

聽到哭聲就會快速的從床上跳起，飛快的抱起

嬰兒床裡的小毛寶，再直衝到廚房裡去，忙著

泡牛奶、換尿布，有時候，還得清理小毛寶的

便便……等到一切工作完成後，再拖著疲累的

身軀回到房間，哄小毛寶睡著後，自己才敢如

釋重負的倒頭大睡。

　　育兒的生活有辛苦當然也會有甜蜜，家中

多了一個可愛的小寶寶，本毛終於體會到內心

無限的滿足與幸福滋味，而剛睡醒的小毛寶，

會睜著眼睛看啊看的，好像在說他對這個世界

充滿好奇，而白裡透紅的天真臉蛋，總是掛著

五毛夫人的經驗談

甜甜的微笑，能夠擁有這麼可愛的孩子，我總

算能明瞭天下為人父母在外辛勤工作的動力所

在了，的確，有了下一代之後，我們必須要變

得更堅強、更努力，才能帶給孩子們幸福的未

來，在此五毛夫人要向所有偉大的父母親們說

一聲：「你們辛苦了～」

New Life！Go Go！！

# Chapter ♥ 6

## 恐怖吐奶娃

小毛寶回到家已經一個月了，正當我以為照顧小毛寶已經漸漸上手而暗暗竊喜時——

唱歌中～

我是幸福的媽咪～啦～啦啦

沒想到某個恐怖的事件卻正悄悄降臨……

某日午後——

每天餵奶給小毛寶你要快快長大喔！

快樂的親子時光

好棒呀！喝得一滴不剩，超有成就感的啦！

開心～

看來照顧寶寶一點都不難嘛！

唔……

咕嚕～

只能說一切發生的
太突然了——

那麼小毛寶
該……

噗滋～

咦？

剛剛……
發生了什麼事？

嚇得
不敢動

是牛奶？！
難道小毛寶……

吐奶？！

懷疑～

還黏糊糊的～

從那天開始，
我的惡夢就此展開……

小毛寶不斷的吐奶，
幾乎每一餐都會發生！

沾滿奶漬的髒衣物堆積如山，
好像怎麼也洗不完⋯⋯

我這才驚覺，養
育小毛寶的這門
課，其實充滿著
困難與挑戰——

距離成功之路似
乎遙遙無期⋯⋯

很快的，我的
自信心就徹底
瓦解了⋯⋯

**自覺窮途末路的我，只好去請求專家給予協助——**

我也開始閱讀專業
的書籍與雜誌，來
增加育兒知識～

後來，嘗試了三種方法，分別是：

 1. 替小毛寶更換可以防止脹氣的奶嘴

 2. 調整奶粉沖泡的比例

 3. 為小毛寶添加幫助消化的營養食品

成效果然令人滿意～～

小毛寶之後再也沒有出現吐奶的情況，而且養得更加白白胖胖～

### 如何分辨嬰兒溢奶與吐奶：

　　由於初生嬰兒的括約肌發育仍未成熟，食道末端與胃之間的括約肌還無法完全閉合，因此喝入的奶水容易在胃部產生逆流的狀況而從嘴角溢出，此種生理性的狀況，稱之為「溢奶」；而嬰兒若是以噴射狀的方式將奶水由嘴巴甚至從鼻孔中冒出，就是所謂的「吐奶」了。

　　若嬰幼兒發生吐奶的狀況經醫師診斷後並非病理性症狀，那麼父母親就可以稍微放心，因為寶寶吐奶的情形會隨著括約肌日益發育成熟，而漸漸減輕並解除。


### 如何減少吐奶的發生：

　　可參考五毛夫人故事中敘述的方式，先替寶寶換上可以防止脹氣的奶瓶及奶嘴，再逐步調整奶粉沖泡的比例及配方，我自己則是向專業藥局的藥師諮詢過後，在小毛寶的奶粉中加入可幫助腸胃消化的酵素及益菌，幫助小毛寶好吸收及消化，並減少脹氣的發生，當餵食完畢後，再輕輕拍打小毛寶的背部，也就是所謂的「拍嗝」，此時應將手掌略微弓起，呈弓狀的手勢，由下而上輕輕拍打，直到小毛寶打嗝，但若拍打超過10～15分鐘，仍未打嗝，則可將小毛寶直立式的抱在懷中，讓奶水漸漸進入胃中消化；若要讓小毛寶平躺嬰兒床中，則須稍微抬高他的頭部約30～40度角，以防止萬一吐奶時奶水阻塞了口鼻。

話說小毛寶發生吐奶的症況，幾乎是在我一接手照顧後就隨即產生的，因為在月子中心「享福」期間，從來沒聽說小毛寶會吐奶，而我幾次試著自己餵食，也覺得很順利，正想放心之際，沒想到隨之而來的吐奶夢魘，真的讓我們母子兩人被整慘了！

　　小毛寶的吐奶症狀歷時整整四個月，而且幾乎是餐餐吐，有時候還沒喝完就吐，有時則是好不容易喝完奶，空奶瓶才剛放下，他就又全還給我了～這時就得立刻打起精神收拾殘局（快速處理事發現場、幫小毛寶換穿乾淨衣物、再幫自己換掉弄髒的衣服，最後再去洗衣

服……）每天都有堆積如山的衣物要洗，最

後家裡也變成晒衣場，到處掛滿了小毛寶的衣

物……但其實平時的忙碌都比不上我最恐懼的

——小毛寶夜間吐奶，因為好幾次我都發現自

己在「事發現場」中醒來，母性的偉大驅使睡

眼惺忪的我將夜裡吐奶的小毛寶送回嬰兒床

後，就不支倒地了，一直要等到翌日才有體力

收拾善後呀！而不斷吐奶的小毛寶也因為無法

吸收營養，瞬間瘦了下去，看在我和毛老公的

眼中，真有說不出的心疼，所幸後來找到了改

善小毛寶吐奶的方法，才總算鬆了一口氣！

五毛夫人的經驗談

~健康小毛寶~

# Chapter ♥ 7

## 預防注射大作戰

在一個看似風和日麗的早晨裡——

五毛夫人全家正準備出門……

動作要快喏～

好！

東西都準備好了嗎？

OK～

因為今天是小毛寶施打預防針的日子！

咿

來～爸比抱抱喏！

出發前必須先做好行前裝備檢查：

1. 小毛寶的兒童健康手冊

2. 小毛寶的健保卡

3. 小毛寶喜歡的玩具熊

兒童健康手冊

小毛寶

4. 最後幫小毛寶換上乾淨的尿布

一切準備就緒後就可以出發了～

出發～

喔！

汪

指揮官

行李犬

今日作戰任務NO.1
寶寶預防注射

十分鐘後，
毛氏一家人抵達
了目的地——

小兒科診所

這裡！

叮咚～

嘩～

嘩～

嘩～

沒想到現在的小兒科診所那麼的貼心，
讓小朋友在完善的遊樂區中遊戲，
可以讓等待的情緒及緊張感降低不少……

還有護理人員們親切及專業的態度，
也讓家長很安心……

在施打疫苗前，護理人員會事先完成一些基本檢查，
包括——

檢查後，
就可以在一旁等待
叫號了！

在醫生確認小毛寶身體狀況一切良好之後，就可以進行注射的程序囉！

為了確保過程一切順利，我們也事先計劃了一招～

準備好了嗎？

OK！

打暗號

在小毛寶轉移注意力的同時，準確的完成任務——

小毛寶～看小熊喔！

咿啊～

「聲東擊西術」

刺入

不過小毛寶似乎沒有想像中的好打發……

覺得痛痛的…

嗚哇哇～

火山爆發啦！

呃～

慘了～

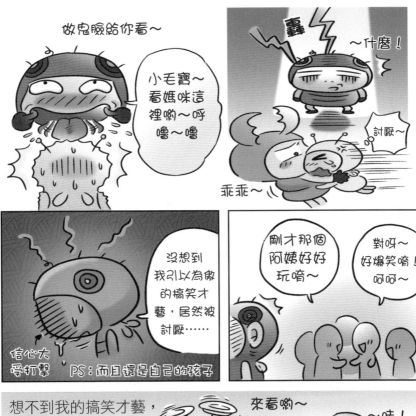

做鬼臉給你看～

小毛寶～看媽咪這裡喲～呼嚕～嚕

轟

～什麼！

討厭～

乖乖～

沒想到我引以為傲的搞笑才藝，居然被討厭……

信心大受打擊　PS：而且還是自己的孩子

剛才那個阿姨好好玩嘧～

對呀～好爆笑嘧！呵呵～

想不到我的搞笑才藝，大受小朋友們的歡迎……

來看喲～

～哇！

嘩～

好厲害～

她總算是遇上一群伯樂了～

以後可以兼差當街頭藝人……

跳

咚

咚

（此生無憾了吧！）

初生寶寶至二歲前平均每一～二個月就得施打一次疫苗，所以小毛寶出生至今，五毛夫人和毛老公對於帶他上小兒診所接種疫苗這件事已經很有默契了，首先在出門前得先幫小毛寶換上乾淨的尿布，因為若尿布太溼太重可是會影響體重測量的喔！接下來就是記得攜帶幾樣小毛寶喜愛的玩具，除了可以緩和他進入診所時的不安情緒外，在施打疫苗時也可做為「聲東擊西術」的道具之用，而當醫師在為小毛寶進行例行檢查時，毛老公也會抱著小毛寶並以言語輕聲的安撫，而我則在一旁拿著玩具陪他，讓小毛寶覺得較有安全感；最

後到了打針的時刻，我們通常不會讓小毛寶看

到長長的針頭，因為連大人都會為之害怕恐懼

的針頭，實在不適宜讓小寶寶們這麼近距離的

感受「震憾」，所以此時的我會站在施打部位

的反方向，並以玩具吸引小毛寶的注意，趁他

放鬆之際，就請護士以迅雷不及掩耳的速度進

行施打，通常當小毛寶感到疼痛感時，已經注

射完了，此時我們就會挾帶著小毛寶以飛快的

速度逃離「案發現場」，因為當空間轉換時，

通常就會讓人忘記先前所發生的事；以上就是

本毛的教戰守則，可說是非常實用，在此傳授

給大家喔！

五毛夫人的經驗談

## 小常識

**寶寶的健康護照——「兒童健康手冊」：**

　　在寶寶出生後，協助生產的院所都會發放一本「兒童健康手冊」，其中就有標明預防接種相關的時程及紀錄表，以供父母親定期帶寶寶前往小兒診所或衛生局接種各式疫苗，目前疫苗接種仍有分公費（意即國家補助）與自費的部分，自費疫苗則由家長自行決定是否要替小寶寶施打。

　　目前政府免費提供的常規預防接種項目如下：

- 卡介苗
- B型肝炎疫苗
- 白喉、破傷風、百日咳混合疫苗
- 小兒麻痺口服疫苗
- 水痘疫苗
- 麻疹、腮腺炎、德國麻疹混合疫苗
- 日本腦炎疫苗

　　另外每年於流感疫苗接種計畫期間，政府也免費提供六個月以上二歲以下之幼兒接種流感疫苗。

### 施打疫苗前的注意事項：

- 一般小兒診所及衛生所會在幫寶寶施打疫苗前先做例行檢查，以確保小寶寶是在沒有感染疾病的狀態下進行預防接種，才不會因而導致其他的負作用或影響接種後的症狀判斷。

- 施打疫苗前院方通常會詢問寶寶先前的健康狀況，有時候甚至需要父母填單告知是否於近期內注射過其他特殊藥劑。

## 施打疫苗後的反應與處理：

- 寶寶被接種的部位可能會發生局部紅腫、疼痛或硬塊的反應，可視情況給予冰敷降低其不適。

- 寶寶接種疫苗的兩天內也容易出現身體不適、輕微發燒或哭鬧的情形，可以適時給予水分補充或泡溫水浴讓寶寶緩解症狀。

- 接種卡介苗的寶寶則需要注意接種部位所產生的紅色結節，少部分會形成膿泡或潰瘍，只要保持局部清潔，通常於二～三個月內就會自然癒合。

資料來源：行政院衛生署國民健康局

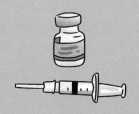

～一定要這樣嚇我嗎～

# Chapter ♥ 8

## 媽咪也瘋狂

毛氏一家人又準備
出門去了，

目的地是——
嬰兒用品店！

出門前必須先檢查「裝備」是否齊全，
才不會敗興而歸～

超級採購員
五毛夫人

主角
小毛寶

行動提款機
毛老公

還有好久不見的毛氏第四成員——

載運犬
亞力士

也正式歸隊了！

自從有了小毛寶後，逛嬰兒用品店就成了我最新的樂趣～

因為有關小嬰兒的物品都太可愛了，
每樣東西都讓人愛不釋手～

咪 也 瘋 狂

媽咪的購物能力是
不容小看的，只要是可愛的商品絕對逃不過我的視線～

而且，每個角落都有仔細看過，絕不放過！

每當我開始失去控制時，就會有位正義使者悄悄出現——

把東西放下～

～放下

為了家計著想，此時毛老公就會變身成魔鬼……

那個～也是！

……

給予嚴厲的制裁！！！！

磅噹～

20噸

唉喲～

已經警告過妳了！

刷～

誰叫歡樂的時光總是過得特別快呢～

已經夠了，該回家啦！

人家～還沒逛完啦！

不要走～

不要走～

小毛寶，下次我們一定還要再來喔！

談到「購物」，一直是女性們特有的天賦之一，單身時期的我們只需要注重自身的打扮，但是生兒育女之後，為他們添購各式衣物及用品的這項重責大任，當然就落到身為媽媽的我們身上囉！而最令人興奮的是，過去很少接觸嬰兒用品的五毛夫人，竟然發現所有想像不到的可愛小物全部都在育兒用品店裡大集合，真的很難不讓人瘋狂的呀～

　　而五毛夫人的瘋狂指數還真的很高吶～我除了會選購適齡的各項日常用品之外，連未來小毛寶可能用得上的玩具和衣物，也都一一包辦了，到了最後，毛老公甚至一臉狐疑的問

我：「這些真的都是小毛寶需要的嗎？還是妳

自己想買啊？」「什麼話嘛～我可是媽媽耶！

當然……當然知道小毛寶的需求啊！」看似正

義凜然的回嘴背後，其實我的心虛指數可是百

分百哩！哈哈～只能說，小嬰兒的物品真的太

容易激起女性們的購買慾望了，舉凡小衣服、

小鞋子、小襪子、圍兜、帽子、小玩具、甚至

連尿布都布滿了粉色調與可愛插圖，就連當了

外婆的毛媽也陷入瘋狂，只能說，「購物」對

於女性的吸引力，可是不分年齡與身分，古今

中外皆然啦！

## 小常識

**選購嬰兒用品的注意事項與原則：**

• 衣物用品：

　　小寶寶的肌膚是非常細緻敏感的，因此在衣物及相關用品的選擇上還是首重純綿的吸汗透氣材質為佳，才夠減少寶寶因敏感而引起的皮膚不適與疾病。

• 哺育用品：

　　舉凡奶瓶、奶嘴以及小寶寶攝取副食品時會用到的各式湯碗叉匙等，都算得上是哺育用品的範疇，在材質的選擇上首重耐熱、耐高溫，無環境賀爾蒙與擾亂內分泌的化學物質，才能提供小寶寶最安全無虞的哺育品質。

• 寢具用品：

　　初生小寶寶的睡眠時間大約為一天的2/3到3/4，也就是16～18小時左右，之後隨著日漸成長而慢慢遞減，因此寢具的選擇對小寶寶來說是十分重要的，一般而言對於嬰兒寢具的材質要求首重透氣、吸溼、舒爽、抗菌及防蟎，其次才是考慮到花色及美觀性。

• 玩具用品：

　　在幫小寶寶選購玩具時，請父母親們先尋找外包裝或玩具本體是否貼有國內外商品檢驗標誌，已貼有ST安全玩具標誌的玩具，表示是經過我國經濟部標準檢驗局檢驗合格的安全玩具，符合無尖角、銳邊、毒性、易燃等各方面的危險

性，讓父母親們在選擇玩具時能有所依據；若是選購的玩具為外國進口，也同樣能參考歐盟的CE（EN71）標誌、日本的ST標誌（與台灣相同）及美國的ASTM標誌，一樣都能作為父母親們選購時的指標。

我國安全玩具標誌如右圖：

資料來源：經濟部標準檢驗局

- 不迷信名牌：

　　小寶寶的各項用品並非一定要選擇名牌或是價格昂貴的才是最好，若我們在選購時能多打聽使用者的口碑或是詳細了解商品的特性，還是能買到物美價廉的商品，畢竟小寶寶成長的速度非常快，許多貼身小物件可能短期內就得重新更換，因此精打細算的購物態度才能為媽咪們省下荷包裡的鈔票喔！

汪～我快不行了～

# Chapter ♥ 9

## 小王寶的恐懼

還記得小時候，我最愛和姊姊一起玩洋娃娃了——

毛姊的手很巧，每次都會幫娃娃精心打扮——

讓原本平凡的洋娃娃頓時變得耀眼萬分～

一旁的我當然也受到影響，

一心想向姊姊看齊！

二小時後——

總算完成了!

其實,並不會太難嘛!

呀~

看我的~~

手忙腳亂~

卡嚓!

鏘~

鏘~

鏘~

鏘~

可惜的是……
我的才能在當時——

呃~

好誇張

這是什麼鬼?

做出來的娃娃,有沒有很棒?

姊姊,偶很認真喔!

期待~

現實~

似乎還沒被開發
出來……

善良的毛姊不忍傷害年幼的我，只好撒謊了！

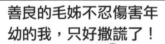

任誰也無法預料，毛姊無心的謊言竟會在日後造成嚴重的後果──

N 年後，某日──

# 我要當好媽媽

趕快起來～

嗚哇～

轟隆～

試穿！別再睡啦～

磅！

小毛寶的……

眼中，媽咪變成這樣——

自從小毛寶出生後，我開始熱衷於添購寶寶的各式衣物～

海軍風

小毛寶～笑一個～來

媽咪～要拍囉！

連背景都準備好了……

因為，小北鼻的衣服都太可愛了～
而眼前又有現成的嬰兒麻豆，
所以當然要好好運用囉！

乳牛裝

嗚～

鴨子裝

只不過市面上的特殊裝扮服裝並不多，因此很快就玩膩了……

對了，我可以自己動手做啊！

99

畢竟，親手實踐 COSPLAY 才是王道呀！（COSPLAY 意指角色扮演）
於是，我開始為小毛寶縫製各式的造型——

COSPLAY 當然也必須跨越
性別限制才行——

最後，連當紅動漫人物都出
現了…

只是，在我這種三分鐘熱度尚未退燒前，還請小毛寶多多擔待喔～

**幫**洋娃娃穿衣服是每個女孩小時候必玩的遊戲之一，既然產後的自己身旁就有一個真實版的小娃娃，本毛又怎麼可能會錯過這種難得的機會呢？當然就是──瘋狂的讓小毛寶變裝嘛！請大家相信，有這種症狀的媽咪絕對不只有五毛夫人而己，因為天真無邪的小寶寶，無論怎麼穿都超可愛，所以真的會激發母性的虛榮心啦！

在此和大家分享一個五毛夫人的變裝省錢小撇步：由於小寶寶成長的速度很快，因此很多衣服或褲子可能過了一季就不太能穿了，此時本毛就會自行做一些修改，有時加上一些小創意，就能把小毛寶的舊衣變成新衣喔！例如：新生兒最常穿的兔裝就很容易進行修改，

把原來褲底扣子以下的部分裁掉之後就能變成

一般的上衣；過短的吊帶褲也能把吊帶處剪掉

修改成長褲；而冬天不能穿的連帽小外套，就

把帽子連同頸部的範圍裁下來，做成一件超可

愛烏賊帽圍吧！（請看下方圖示）

從外套上剪下來的
帽子所做成的烏賊
帽圍～

小毛寶穿上後變成這
樣，冬天外出時不但
可愛又能保暖！

上述這些方法都可以將過季的小寶寶衣物重新

再利用，不但能省下一筆治裝費外，還能讓小

寶寶有新款的衣物可以穿，大家是不是覺得很

棒呢！

毛の流

五毛夫人的經驗談

# Chapter ♥ 10

## 踏出成功的第一步

在 2010 年的第一天，
小毛寶終於踏出人生
的第一步——

在眾人的掌聲和鼓舞中，
完成了這歷史性的一刻！

學會走路後的世界更加寬廣了，
小毛寶終於可以盡情探索這個世界了……

但此時也最容易發生跌
倒或撞傷的小意外了，
所以更要時時注意小毛
寶的安全～

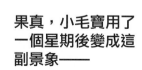
至於如何強化小毛寶行進的速度，同時預防跌倒與小意外，

一副老神在在

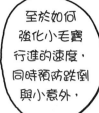

本毛可是有妙招滴～

鏘～鏘～

## 「助步車」登場！！

為了讓小毛寶走得更穩而添購的助步車～
（在幼兒學步初期，約10～12個月大使用）

助步車的功能其實是藉由推動時所發出的音樂或節奏聲響，鼓勵幼兒向前行進，在學步的同時，還能一併培養平衡感、統合力及移動技巧。

咯啦～

咯啦啦～

哇！效果還真好呀～

嚇

果真，小毛寶用了一個星期後變成這副景象——

另外，本毛還在網路上發現了一種有趣的商品——

「幼兒學步帶」登場！！

鏘～　鏘～

包裹來囉！

專為幼兒設計的學步帶也是十足創意的發明，適合出外時使用，不但能預防幼兒跌倒碰撞，還能降低成人彎腰時的不適感～

還挺方便的嘛～也不用彎腰扶小毛寶了！

母子出門買菜圖

小心！！

滑～

優點是小毛寶快跌倒時，立刻可以拉回來～

最後登場的祕密武器
當然就是——

「學步鞋」

目前市面上針對幼兒所設計的學步鞋非常多元～選擇的重點則是考量舒適、透氣、包覆腳背及固定腳踝的設計，以保護成長中的小腳丫！

小毛寶剛開始對於腳上的學步鞋感到很好奇……

不一會兒就完全適應了，開心的四處跑跑跳跳～

毛氏一家四口的牽手圖，終於完美的實現啦！！
大家一起遠足去吧～

為人父母者都會期待孩子踏出第一步的這一天，當小寶寶從襁褓中慢慢翻身，接著開始爬行，最終穩穩的跨出人生第一步的這一刻，相信無論是誰都會感動不已，而行走對於小寶寶而言也是意義重大，因為這意謂著從此刻開始，他們終於能夠靠自己的力量盡情的探索這個世界，而觀看的視野也更大、更立體了。雖然如此，父母親所要給予的保護與協助仍然不可少，除了要更關注周遭環境的安全之外，添購能輔助小寶寶行走的工具更是不能輕忽的喔～

## 【學步鞋】

現在坊間針對幼兒所設計的學步鞋種類非常

多，有的還加入了機能與矯正的功能，但無論

選擇任何一種鞋款都必須帶著小寶寶前往試

穿，因為成長中的小腳丫較脆弱也敏感，一定

要讓小寶寶覺得舒適才行喔！

◎ 選擇重點：

- 同時包覆腳背與腳踝的設計，才能保護小

  腳丫

- 楦頭的設計不能壓迫腳趾的伸展

- 材質最好有通風透氣性

- 鞋底具備防滑功能

五毛夫人的經驗談

【助步車】

助步車的功能顧名思義是在幼兒學步的初期為

了練習行走所使用，而藉由推動時所發出的節奏

或音樂，能鼓勵幼兒向前行進，並同時培養平衡

感、統合能力及移動的技巧；而現在市面上助步

車的款式也很多元，有些還同時擁有聲光效果及

互動教學的模式，讓助步車在日後也能成為幼兒

的學習玩具。

# Chapter 11

# 今天媽咪不在家

小毛寶，今年一歲四個月大，是個聽話懂事的小朋友～

今天是婦幼節，但是本毛卻碰巧要外出工作，毛氏母子首次上演分離戲碼即將震撼登場！

出發前，身為母親的我免不了交代許多事宜──

小毛寶～媽咪要出門工作囉！你在家要乖乖唷～

咀！

等一下會有照顧你的阿姨過來，要聽話！

汪！

亞力士聽命！家裡一切就拜託你了～如有任何異狀立刻回報！

毛家總司令

瓦斯～

電器～

都關好！

一切確認無誤！

然後再次檢查家中情況──

接下來就是感人的母子分離場面——

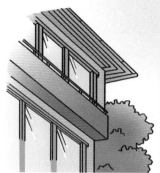

嗚～哇哇～

媽咪！

不要丟下我！

媽咪也是不得已的，你要乖喔～

原諒我～

不要留我～

媽咪～

踏出家門的那一刻，我心一橫，不敢再正視小毛寶的雙眼，因為他好像誤以為我要拋棄他……

這簡直是場悲劇嘛～～

看來～我得快去快回了，小毛寶你一定要堅強～媽咪也是為了要賺你的奶粉錢啊！！

嗚～

而此時的毛家——

今天由我照顧大家喔～

笑容可掬的保母阿姨

保母阿姨很細心的照顧小毛寶和亞力士～
所以他們很快就適應了……

叮咚～

小毛寶～乖乖喝熱牛奶囉！

亞力士也是喔～

什麼？

這是給小毛寶的包裹～

真是太驚喜了！
居然有媽咪的友人特地送蛋糕要給小毛寶吃耶～

保母阿姨立刻切了一塊蛋糕……

看起來真是令人口水直流……

哇～

大口將蛋糕送入口中，真是太幸福了～

亞力士也有專屬的餅乾喲！

而此刻的我……

心神不寧母～

啊？是的，就照您說的做吧！

這次的互作是這樣…那樣…

編輯

**心裡不斷的想著：**
小毛寶有乖乖吃飯嗎？
會哭著找媽咪嗎？

此時正在家裡唱唱跳跳

這時的他應該要睡午覺了吧！小毛寶睡覺時一定要媽咪陪著才肯睡的喲～不知保母該如何應付？

開心畫畫ing

唉～啊啊～我根本無法專心互作呀……

已經變成這副模樣了

亂畫

如果要外出玩的話，記得加件外套喔～

咻～飛～

呀～喔～盪高高

最近早晚風大，
一不小心就會感冒……

花花～香香～

粉紅色～

漂漂～

還有，在戶外容易被蚊蟲叮咬，要記得帶蚊蟲藥膏出門喔！

咻～

碰！

來～
阿姨幫你們
拍照喔！

母子處境大不同——

最後，在我的努力（摸魚？）之下，總算可以回家了……

保母阿姨
還為小毛寶準備了
舒服的泡泡浴～～

今天實在是充實的一天，
小毛寶還沒等到媽咪回家，
就已經進入夢鄉了～

睡夢中小毛寶迷迷
糊糊的想著——

今天，
真是快樂的一天～
媽咪不在家的日子
好像還不錯喔～

嘘～不過要小聲點喔！
如果被媽咪聽到的話，
她可是會傷心的喲～
那麼，晚安囉！

談到「親子暫別（分離）」的這件事，一定就會涉及到幼兒「分離焦慮」的課題，想必當過媽咪的人一定都不陌生吧！一般來說寶寶出生後到了六～八個月大時，就會開始出現類似的反應，因為他們已經能夠感受到主要照顧者離去時所產生的不安與無助感，而程度的輕重則視寶寶的個別差異而有所不同，當然父母親的態度與處理方式也與寶寶的行為表現息息相關。

而小毛寶當然也不例外的出現了這樣的「分離焦慮」，狀況則是發生在我和毛老公偶爾因為工作的關係，必須請毛媽代為照顧時，

五毛夫人的經驗談

小毛寶一看見外婆，就知道要和爸媽「暫別」了，因此哭鬧不休是常有的事，但是後來我們找到了方法，緩解了小毛寶離別時的哭鬧行為，方法如下：

1. 讓小毛寶隨身帶著喜歡的玩具、小棉被或玩偶，讓他感到安全及自在。

2. 多讓小毛寶注意周遭的新事物（如路上的車子、公園裡的花草或嬉鬧中的小朋友……）。

3. 進行空間轉換：將小毛寶帶進一個新的場所，即便是便利商店、書店或是車站，都

能轉移其注意力。

一般來說，「新刺激」能夠緩解幼兒對於「分離焦慮」所產生的創痛，若幾次成功的分離經驗累積下來，就能讓幼兒對於「分離」這件事不再那麼恐懼或感到痛苦，小毛寶現在已經能輕鬆面對偶爾的分離，因為他深深知道，和爸媽短暫道別之後，就能去經歷很多好玩又新奇的事物了……（原來是如此啊～）

其實還有更多小撇步可以改善幼兒的焦慮，建議父母或主要照顧者平時就可以對幼兒進行教育，例如告訴幼兒：「爸爸媽媽必須上班工作，一下班

五毛夫人的經驗談

就會回來了，所以你不用害怕喔！」或是藉由

一些躲貓貓的遊戲，讓幼兒明白原來人、事、

物雖然不見了，但終究還是能找到，並沒有消

失；但切記不能用謊言或強硬的拉扯來阻斷孩

子的反抗，錯誤的方式只會加深孩子的恐懼與

不信任。

# Chapter 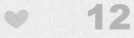 12

## 一起去旅行

話說，毛氏一家計劃來一趟旅行，
準備好好的放鬆一下——

爆發！

吼～

驚！

嗚oooooo

她真的憋太久了…

因為平日都忙於工作嘛～（是嗎？）

一想到可以去旅行真是開心喲！

回復原貌了～

還可以記錄許多風景和美好的事物～

卡嚓～

卡嚓～

專家架勢

喔耶～～

雀躍～

我要趕緊準備行李囉！

這次的旅行，是小毛寶成為毛氏一員後的首次旅行，因此該如何準備小北鼻的出門用品可是一門很重要的功課喔！

媽媽包裡準備了
小毛寶的尿布、奶瓶、
奶粉、保溫瓶、小餅乾、
小玩具、換洗衣物、
小被子、帽子、溼紙巾及
蚊蟲藥膏，
共計十一件物品，
厲害吧！

最後，因為心情太過激動，
要出發的前一晚，本毛還一
度在床上翻來覆去，遲遲無
法入睡……

翌日——

啊～啊～
睡過頭了
啦！！

在一陣混亂之後，
總算順利出發了——

我們來到的這家牧場,風景如畫,置身其中就有如倘佯在大自然的懷抱一般,令人陶醉~

牧場裡盡是豐富的生態景象，讓遠離都市塵囂的我們，盡情的和大自然互動著──

枝頭上的小鳥睜大眼睛眺望著！

近距離觀賞蝴蝶的羽翼之美，令人驚嘆造物主的偉大與神奇！

蝸牛看似無聲的移動著，但卻在身後留下一道長長的足跡……

瓢蟲在陽光的照耀下，一身的紅色外套更加閃耀～

小毛寶也和松鼠成為了好朋友！

白鵝一家在大草原上悠閒的
漫步著，享受溫暖的陽光～

溫馴的小兔子吃了胡蘿蔔
後，精神飽滿的跳躍著～

生態牧場真的很好玩，
在輕鬆自在的氛圍下，
我們和所有的生物變成
了好朋友～～

這是小毛寶
首次與大自
然交朋友，
而且完全融
入其中啦！

各位媽咪們是否也
想開始計劃您的旅
行呢？心動不如馬
上行動喔！

# 小叮嚀

五毛夫人平日就會找機會收集各式各樣的旅行組或產品試用包，產品內容不外乎是一些清潔用品、洗髮精、潤髮乳、防晒品…等，而小寶寶的部分也會拿到一些廠商贈送的小包裝尿布、奶粉、溼紙巾等，在旅行中是非常好用的，用過就可以立即丟棄，還能減輕行李的重量，真是太棒了！

而長途旅行中還必須幫小寶寶準備些什麼呢？

• 健保卡與兒童健康手冊：

出門在外時，如果小寶寶真的有不舒服的症狀，隨身攜帶健保卡就能立刻前往附近的醫療院所診治；兒童健康手冊則提供出國旅遊就醫時，醫師診斷時的依據。

• 防蚊液、蚊蟲藥膏：

小寶寶細嫩的肌膚最怕受到蚊蟲的叮咬，因為各地蚊蟲的種類與毒性都不相同，因此若不小心遭受到叮咬，小則紅腫，嚴重時可能會引發細菌感染或組織發炎等症狀，因此隨身攜帶防蚊液及藥膏就十分的重要。

• 防晒用品：

許多人會忽略小寶寶的防晒問題，其實小寶寶的肌膚才是最怕晒的，出外旅行時為小寶寶準備防晒用的長袖外套或帽子，以及塗抹幼兒專用的防晒乳液，都能避免小寶寶受到紫外線的過度傷害。

帶小寶寶出門旅行是一件十分有趣、但難度也相對很高的挑戰,主要是因為照顧小寶寶時所需要的用品繁多,因此媽咪們事前在準備媽媽包時就必須具備超強的統整及收納技巧,務求旅行的過程能一切順利～

　　而帶著小寶寶一同旅行,最令人擔心的則是小寶寶對環境的陌生感與適應問題,而可能面臨的擁擠、長時間的乘車或搭機、氣候及時差以及飲食習慣的改變等,多少都會降低寶寶身體對疾病的抵抗力,若旅途中有外宿的需求,則還有小寶寶的清潔與睡眠問題,因此媽咪們也必須事前考量到,並做好萬全的準備與

應變；五毛夫人建議在旅途中讓小寶寶攜帶最

愛的玩具和布偶，或是能使小寶寶安心放鬆的

小被子，都能減輕旅行中的不安與恐懼。

　　能時常體驗旅行的經驗，對小寶寶而言是

很棒的，但是初期最好循序漸進，先由短程的

旅行開始計劃起，讓小寶寶慢慢適應，如此一

來，全家人的外出旅行就能充滿樂趣與驚奇

喔！

五毛夫人的經驗談

～呼嚕～呼嚕嚕～呼嚕～

# Chapter 13

# 美麗瘦媽咪

產後的本毛一直沉
浸在育兒的喜悅之
中，似乎忘了一件
非常棘手的事——

小毛寶
會不會叫「媽
媽」啊～

終於聽
到小毛寶
叫「媽」
了，好感
動喔！

就算
要我變成
肥婆也無
所謂了～

太感人了～

來～媽咪
抱抱！

唉？

剛剛
好像瞄
到什麼
……

殘酷的事實終將面臨揭曉的命運——

三天後，我終於鼓起勇氣——將自己攤在鏡子前面了！

不看還好，沒想到在鏡子前居然
會看到這般令人驚恐的景象！

膨鬆千層肚

摩擦的象腿

嘰！

下垂肥臀

所以，結論就是——

哇嗚～

我是肥婆！！

自從我發現「事實」＝「肥婆」之後，就陷入極度痛苦之中……

灰心喪志.ing～

嘿！

妳又在量體重了……（今天量第8次了）

再量幾次
還是一樣
肥呀…

PART1. 消耗熱量

## PART2. 控制飲食

## PART3. 強化代謝功能

## PART4. 重點雕塑

## PART5. 最終塑型

終於在大作戰的100天後，
完全瘦回來了！
看自己居然又回復少女時期的窈窕身形，
除了開心之外，還找回了健康與自信，
真是太棒啦！

想要知道更多
超強瘦身祕
技，就要看這
本書喔！

Sorry
Sorry~

妳～
這傢伙！
不要趁機
打書啦！

亞力士之拳

相信看過本毛前一本著作《我要瘦下去》漫畫的讀者們，一定都知道我那血淚的終極瘦身實驗吧！(還沒看的人趕快去買～)在此本毛以過來人的身分告訴大家，聽說有人一生完小寶寶就立刻像沒事發生一樣瘦下來的「傳奇故事」根本就不可能發生嘛！就算產前再苗條纖瘦的媽咪在生完之後至少還是會感覺肚皮有那麼一點「鬆垮」現象，而嚴重一點的當然就是一切「付諸流水」，像本毛一樣囉！

　　本毛完全能夠體會那種慘烈的心情……產前一直以為體重還算控制得當的我，在產後第

一次下床時，就立刻直奔鏡子前揭開一切「真相」，果真被嚇到，隨即在浴室裡嚎啕大哭了起來！因為……我完全不能接受像洩氣皮球般的肚皮就這樣喪氣的垂掛在自己的肚子上，那種恐怖的影像，至今還是深刻烙印在本毛的記憶裡；在這裡關於終極減肥的全祕笈和撇步就請媽咪們快去翻閱《我要瘦下去》一書吧！本毛在此就不再多加敘述囉～

祝全天下的媽咪們都能再次擁有少女般曼妙的身材喔！扛巴蝶喲～～

五毛夫人的經驗談

喔～美麗也是需要付出滴～

# Chapter  14

## 育兒奇蹟

小毛寶，乖乖睡喔！

回想起一年來小毛寶的成長歷程，真是充滿了驚喜與挑戰～還記得一開始發現小毛寶會翻身時，真是太驚訝了！

趁小毛寶睡著時，我得趕快去完成其他事～

翻

止　步

‧‧‧？

轉　身

本來睡在這裡

滾過來了

啊～～難道說這就是傳說中的……

「嬰兒翻身」嗎？！

啪！

在我看來，其實這一年的奇蹟，應該是老婆的轉變吧！

而且是有圖有真相喔！

毛老公登場

毛老公這番話好像很有道理耶！
仔細回想，自從我當了媽咪之後，真的變了很多哩！

五毛夫人育兒回顧篇

喔～這根本是本毛的回憶錄嘛！

感覺好像名人一樣，真害羞～

奏樂～

叭啦

我要當好媽媽

一路以來的產子和育兒歷程
就這麼歷歷在目啊——

## 從沒想過自己會是這樣的媽媽！

應觀眾要求，以下是毛老公推出的壓箱寶……

在成為一位母親之前，我很習慣於被人照顧或自顧自的角色，因為家人和朋友通常會對我說：「只要顧好妳自己就夠了～」所以自由自在做自己就變成五毛夫人的強項了；小毛寶誕生之後，我曾一度惶恐，懷疑自己無法勝任母親的角色，其實想想最緊張的人應該是小毛寶才對吧！若當時他能夠表達意見的話，應該會強烈要求換個照顧者才對哩！因為我這個超瞎的媽咪隨時都會出狀況，不是尿布包錯邊，就是忘記奶粉罐放哪裡去了，有時候半夜該餵奶了，我也會偷偷賴床，心想：「小毛寶，你再撐一下啦！媽咪好

想睡喔～」但是，連我自己也無法相信，隨著

小毛寶日漸成長，我居然愈來愈順手，並且將

照顧全家的使命發揮的淋漓盡致，連毛老公都

大呼：「神奇！」意思是說這一切太不可思議

嗎？還是說我的潛能被開發了呢？那也未免

太小看本毛了吧！其實是因為我將自己與小毛

寶融合了，小毛寶的任何需求與想法都能牽動

我的行動，現在的我，雖然還是會時常忘東忘

西，但是只要是關於小毛寶的事物，我幾乎都

在有條不紊而且零失誤的狀況下完成，難道說

這就是生物延續下一代的本能嗎？果然「為母

則強」就是在形容這一切啊！

五毛夫人的真情感言

～感動感動吶～

# Chapter ♥ 15

## 感謝篇

# 毛の感謝

一直以來，本毛很幸運的擁有許多支持相挺的麻吉綿，由於你們的力挺，讓我有源源不絕的靈感與動力來完成這部作品，這本親子育兒題材的漫畫有著本毛最真誠的情感，也希望這種感覺能透過我的漫畫與文字，傳達給更多的父母及子女們，並祝福大家永遠幸福快樂～～

還有以下的爐主們，本毛不謝不行！

＊感謝出版公司所有同仁們的熱情協助：發行人、惠鈴、力銘、諭賜、英哲、盈婷；他們不僅是本毛的貴人，還是永遠的超級夥伴！（撒花）

＊感謝E大、Jessie、思娃若的幫忙，他們
是我遇過最熱情也最善良的好友了！

＊感謝愛護本毛的超級麻吉綿，從小五毛時
代一路相挺至如今的五毛夫人，你們陪伴
我從少女晉升為人母，只有「感動」兩字
可以形容～

＊最後當然是感謝自家人的橋段了，這次本
毛好好的把自己育兒的心得仔細的描繪下
來，也算是完整記錄了人生中一段精華的
時光，若不是有家人、長輩的奉獻與協
助，還有毛姊的神機妙算及護駕，是不可
能讓作品順利誕生的！

在此說一聲：「我愛你們！」

五毛夫人的感謝

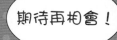

期待再相會！

下一本……
到底要做啥咧？
（猛抓頭）

# 我要當好媽媽

2010年9月初版

定價：新臺幣260元

有著作權·翻印必究

Printed in Taiwan.

| | |
|---|---|
| 圖　·　文 | 五　毛　夫　人 |
| 發　行　人 | 林　載　爵 |

| | | | | |
|---|---|---|---|---|
| 出　　版　　者 | 聯經出版事業股份有限公司 | 叢書主編 | 黃　　惠　　鈴 |
| 地　　　　址 | 台北市忠孝東路四段561號4樓 | 叢書編輯 | 劉　　力　　銘 |
| 編輯部地址 | 台北市忠孝東路四段561號4樓 | 校　　對 | 吳　　佳　　嬑 |
| 叢書主編電話 | ( 0 2 ) 8 7 8 7 6 2 4 2 轉 2 1 3 | 整體設計 | 陳　　玉　　韻 |
| 台北忠孝門市： | 台北市忠孝東路四段561號1樓 | | 本體覺設計 |
| 電　　話： | ( 0 2 ) 2 7 6 8 3 7 0 8 | | 工　作　室 |
| 台北新生門市： | 台北市新生南路三段94號 | | |
| 電　　話： | ( 0 2 ) 2 3 6 2 0 3 0 8 | | |
| 台中分公司： | 台中市健行路321號 | | |
| 暨門市電話： | ( 0 4 ) 2 2 3 7 1 2 3 4 e x t . 5 | | |
| 高雄辦事處： | 高雄市成功一路363號2樓 | | |
| 電　　話： | ( 0 7 ) 2 2 1 1 2 3 4 e x t . 5 | | |
| 郵政劃撥帳戶第 | 0 1 0 0 5 5 9 - 3 號 | | |
| 郵撥電話： | 2 7 6 8 3 7 0 8 | | |
| 印　　刷　　者 | 文聯彩色製版印刷有限公司 | | |
| 總　　經　　銷 | 聯合發行股份有限公司 | | |
| 發　　行　　所： | 台北縣新店市寶橋路235巷6弄6號2樓 | | |
| 電　　話： | ( 0 2 ) 2 9 1 7 8 0 2 2 | | |

行政院新聞局出版事業登記證局版臺業字第0130號

聯經網址：www.linkingbooks.com.tw
電子信箱：linking@udngroup.com

國家圖書館出版品預行編目資料

我要當好媽媽/五毛夫人圖．文．初版．
臺北市．聯經．2010年9月（民99年）．
160面．14.8×21公分
ISBN 978-957-08-3670-7（平裝）

1.育兒 2.漫畫

428                                    99016370

我要當好媽媽